北京水文化少儿科普系列丛书

河儿弯弯

王　鹏　王崇臣　周坤朋　主编

中国城市出版社

目录

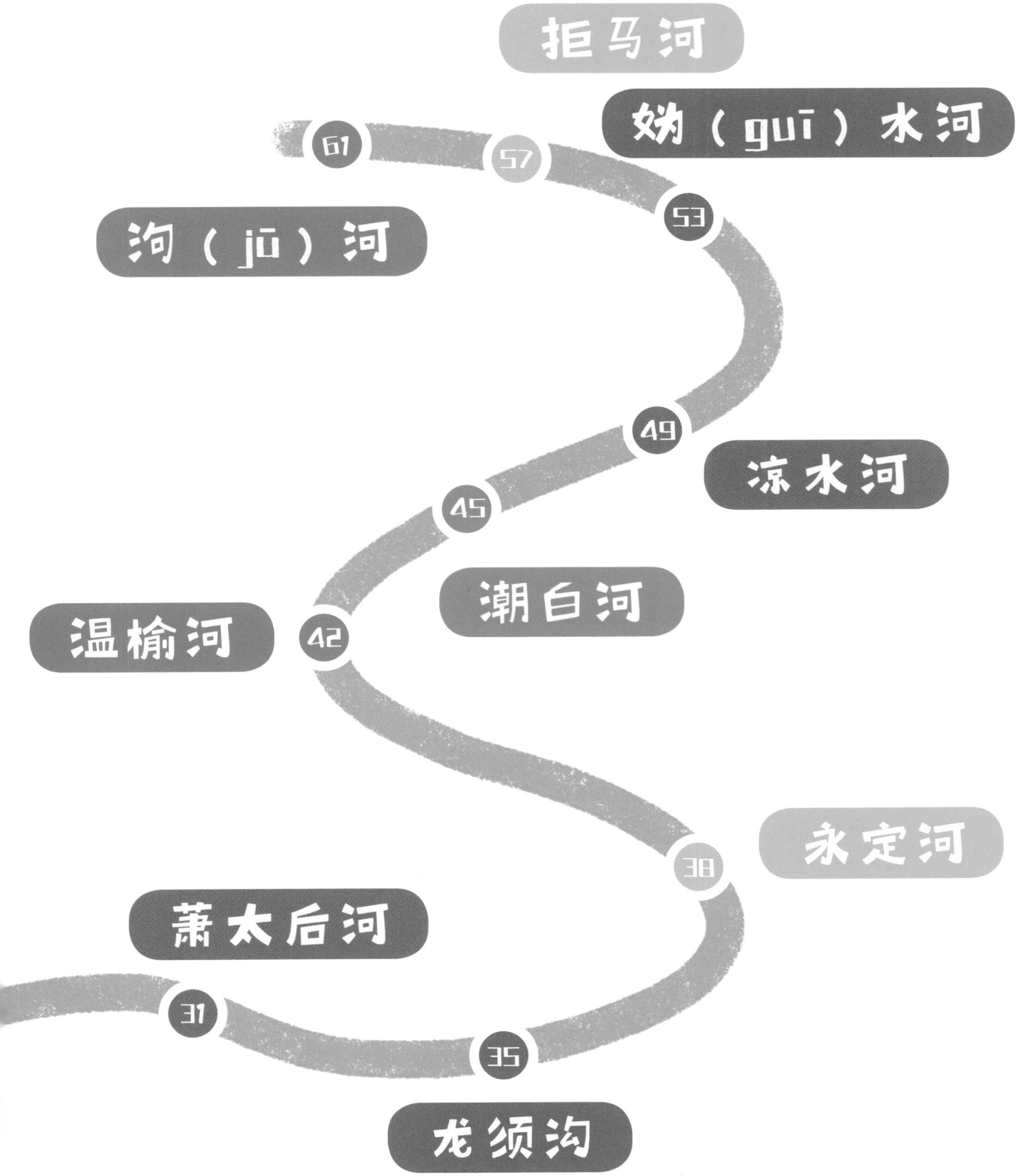

拒马河

妫（guī）水河

沟（jū）河

凉水河

潮白河

温榆河

永定河

萧太后河

龙须沟

61
57
53
49
45
42
38
35
31

"弯弯不知道。"

"爷爷问你，知不知道北京城的起源？"

"爷爷今天就跟你详细讲讲北京城起源的故事。"

莲花河

侯仁之先生曾经说过："先有莲花池后有北京城。"[①]为什么会这么说呢？

原来在商周时代，北京区域内就形成了很多聚落，后来逐渐发展成城市。当时区域内有很多大河，如永定河、琉璃河、高梁河、莲花河，古代的先民在选址建城时，发现永定河水太过汹涌，于是北京先民找到了更为适宜的莲花河，在莲花河帝边建立蓟城，作为当时蓟国国都。

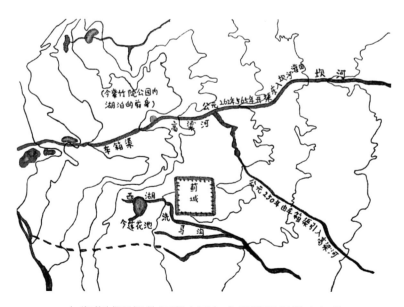

古代蓟城近郊的河湖水系与主要灌溉渠道 / 宋琪

---

① 江楠. 侯仁之保护历史遗迹：没有莲花池就没有北京城 [N]. 新京报. 2013-10-24.

因为毗邻着莲花池水系，水源便利，蓟城先后被秦、汉等朝代作为州县治所。而让莲花河和蓟城大放异彩的是金代。当时完颜阿骨打统一女真部落后，在今黑龙江建立会宁府，称国号为"金"。后来海陵王完颜亮篡位，出于巩固政权目的，他想迁都燕京（今北京）。

完颜亮当时在上京会宁府种了好多莲花，可是天不遂人愿，竟然没有一株能成活下来。看到这种情况时，他心生一计，叫来臣子问："为什么我的莲花活不了？"大臣安慰他，道："只有燕京那个地方天气适宜，莲花种上去能好好地生长。"喜爱莲花的皇帝决定迁都燕京。他让人在燕京莲花河上游的莲花池种上二百多株莲花，终于满足他迁都目的。

完颜亮迁都燕京改称中都，建立都城时将莲花河（古称洗马沟）圈进了城内，让河流从西北到东南斜着穿过了整个都城。整条水源被分成了两支，一支引进了护城河，用来供给城市；另外一支则成了皇家园林的专用水源，皇家能享受到更舒适的山水之乐。

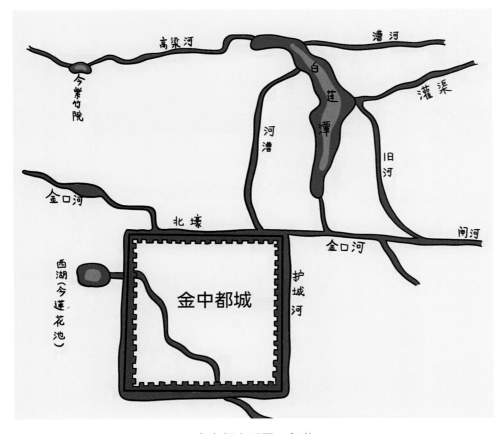

金中都水系图／宋琪

5

莲花池公园示意图 / 宋琪

提起北京城起源就不得不提莲花河，而提起莲花河有必要说起北宋理学家周敦颐（1017～1073年）的《爱莲说》了。

诗的原文如下：

"水陆草木之花，可爱者甚蕃。晋陶渊明独爱菊。自李唐来，世人甚爱牡丹。予独爱莲之出淤泥而不染，濯清涟而不妖，中通外直，不蔓不枝，香远益清，亭亭净植，可远观而不可亵玩焉。

予谓菊，花之隐逸者也；牡丹，花之富贵者也；莲，花之君子者也。噫！菊之爱，陶后鲜有闻。莲之爱，同予者何人？牡丹之爱，宜乎众矣！"

这首诗的意思是水上、陆地上各种草本木本的花，值得喜爱的非常多。

晋代的陶渊明只喜爱菊花。自唐代李氏以来，世上的人十分喜爱牡丹。而我唯独喜爱莲花从淤泥中长出却不被污染，经过清水的洗涤却不显得妖艳。它的茎内空外直，不生蔓不长枝，香气远播更加清香，笔直洁净地立在水中。人们只能远远地观赏而不能玩弄它啊。

我认为菊花，是花中的隐士；牡丹，是花中的富贵者；莲花，是花中品德高尚的君子。唉！对于菊花的喜爱，陶渊明以后就很少听到了。对于莲花的喜爱，像我一样的还有什么人呢？对于牡丹的喜爱，当然就很多人了！

正如周敦颐一样，很多文人墨客都喜欢自比为高洁、不惹尘埃的莲花，留下来脍炙人口的名篇佳作。试问又有谁不喜欢莲花呢？

文/董艳丽

爷爷，西直门外有条高粱河，但有人也叫它御河，这是怎么回事呀？

弯弯最喜欢听故事了，爷爷快讲讲！

哈哈，弯弯呀，这河跟人一样，它的名字背后也有好多故事哩。

好，爷爷今天给你讲讲这条河。

高粱河

高粱河名字最早出现在北魏郦道元的《水经注》里。书里记载，在三国曹魏时期，永定河和高粱河都向东南流，永定河的水流得很急，经常发洪水，而高粱河却水量不足。于是，人们将永定河向东引到紫竹院与高粱河连通，解决了当时高粱河水量不足的问题①。如今在动物园的北侧和紫竹院公园内仍然能看到高粱河水在缓缓流淌着。

知识小贴士

郦道元：

北魏时期的地理学家，他曾遍访山川、河流，为三国时期《水经》作注释，形成《水经注》，详细记载了一千多条大小河流及历史遗迹等，是中国古代最全面、系统的地理著作。

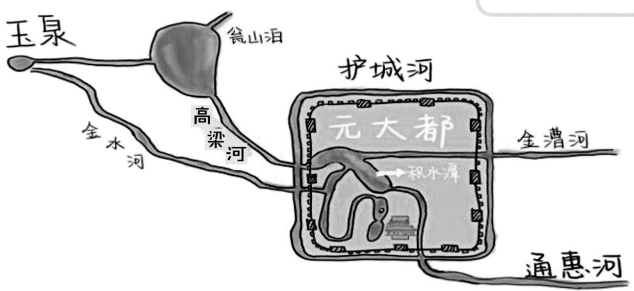

元代高粱河示意图 / 宿玉

_____

① （北魏）郦道元. 水经注校证 [M]. 陈桥驿校正. 北京：中华书局，2013：325.

高梁河连接着北京的"水库"瓮山泊和城内的什刹海，是北京的重要供水河流。北京的地势是西北高东南低，而瓮山泊正好位于北京的西北方向，方便向北京城内供水。

湖里的水流进高梁河，然后再经过高梁河流到北京城。北京城东南漕运河道通惠河也是通过高梁河水补给，高梁河在推动漕运方面可以说是功不可没！

高梁河还是重要的游船河道。明清时皇家在北京的瓮山泊周边修建了很多园林。从都城到这些园林大约有二十里路，如果坐马车去的话会很慢，坐船出行就会省很多时间。而高梁河因为连接着瓮山泊和北京城，所以坐船经高梁河去西山园林十分方便。明代的时候，一到夏天皇帝就会带着嫔妃和王公大臣，坐着龙舟，顺着高梁河而上直到瓮山泊。因此这条河也有一个名字——"御河"。据说清朝的慈禧太后，每年夏天也会坐着游船，顺着高梁河去颐和园度假。

如今的"慈禧水道"就是指的这条河流。今天我们可以从万寿寺码头上船，沿着水道坐船游览。一路上会看到很多亭台楼阁、庙宇古迹，景色美不胜收。小朋友们可以和爸爸妈妈一起坐船感受一番哟！

河道行船图／宿玉

　　相传很久很久以前，皇帝派来的一位大臣在北京城选址时，发现北京是一片苦海，于是他叫来了龙王，命令龙王把苦水搬到别的地方。龙王不敢反抗，只好照办。就这样，北京城露出了水面。

　　等北京城建好后，龙王心里一直记恨，于是他偷偷将城中的水全部装进水袋，逃出了西直门。这位大臣知道后问谁能去把水追回来。这时高亮自告奋勇站了出来，骑上快马前去追赶。高亮追上龙王后，迫不及待地刺向水袋，只见滚滚洪水流出，将高亮直接掀翻在河中。

　　后来人们为了纪念高亮，便在他淹死的地方建了一座桥，取名为"高亮桥"，后来逐渐演变成了"高梁桥"，高梁桥下的河流也被称为高梁河，这就是"高亮赶水"的故事。

文/王宇洁

高亮赶水图/宋琪

爷爷，您说过古时候运送物资是靠马车和河流，我知道马车运送，可是河流怎么运送呢？

河流运输主要靠的是运河，比如咱们北京的北运河就是一条专门运输粮食的运河。

北运河

北运河流经北京和天津，它的上游发源于军都山南麓的温榆河，至通州与通惠河相汇后始称北运河。出京后北运河流经河北省香河县、天津市武清区，在天津市大红桥汇入海河。这条运河是中国古代著名的京杭大运河最北段，所以北运河也与漕运密切相关。

北运河在历史上发挥的作用，就像我们今天北京的公路、铁路一样。水运方便了人们的出行，也为北京带来了丰富的物资。"水上漂来的北京城"说的就是北运河对于北京的贡献！

知识小贴士

运河：
人工建成的河道，常常和自然形成的河道相连。

漕运：
旧指从水路运输粮食，供应京城或军需。

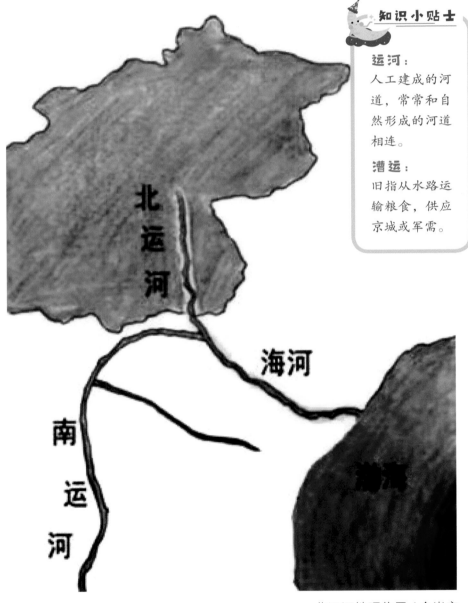

北京

北运河

海河

南运河

北运河地理位置 / 余光宇

元代时，忽必烈定都北京建立大都城，由于人口众多，大都城每年都要消耗大量的粮食物资，这些都需要由富庶的南方地区供给①。当时陆路运输效率极低且费用高，于是忽必烈命人疏通京杭大运河，将隋唐开凿的大运河北段与北运河相接，这样南方地区的大米、茶叶等物资就可以顺着京杭大运河直达通州，北运河便成了北京地区的最主要漕运河道。

沿着北运河"漂"来的不只有粮食。明代皇帝朱棣迁都北京后，开始营建紫禁城，宫殿的修建需要大量的木材和石砖，而这些材料产自西南云贵、苏州等地区。如果陆运到北京，既费时又费力，于是便捷的水运成了运输的首选。沟通南北的漕运通道——京杭大运河成了最主要的运输通道，大运河北段的北运河则为这些建材进京提供了便利，保证它们进京效力的路上畅通无阻。

知识小贴士

忽必烈：
成吉思汗之孙，建立了幅员辽阔的统一多民族国家——元。

紫禁城：
曾是中国明清两代的皇家宫殿，也就是现在的北京故宫。

繁忙的码头 / 余光宇

---

① （元）托克托. 辽史: 志第四十二 [M]. 北京: 商务印书馆, 2013.

潞河漕运图 / 余光宇

北运河沿岸也因为繁忙的漕运，呈现出了一片生机勃勃的景象。

北运河就像是老北京的生命绊，世世代代无声地补给着京城人的衣食住行。现如今，北运河没有了昔日漕运繁忙的场景，两岸却依旧翠绿，古韵犹存，成为通州文化的一张名片。

知识小贴士

潞河：
北运河别称。潞河景色是地地道道的北京风物。

相传北运河有九十九道弯。在北京至天津之间，北运河水流湍急，河道按规律应该以直线为主，但实际上，北运河却是曲线形的，民间也有北运河九十九道弯一说。那么北运河曲形河道如何形成的，又有什么作用？

弯曲的北运河 / 余光宇

原来，这是古人根据运河治理经验对运河进行的改造。运河要满足漕船航行需要，必须保证有一定深度的水。北京至天津段地势较陡，若河道顺直，则水流湍急，不能够保持足够深的水位，船就无法航行。因此古人在修筑北运河时，顺应地势，将河道改成了回环曲绕的形状，以增加河流长度，减小水流速度，使河道中存下足量的水用于航行。小朋友们，你们是不是也很惊叹古人的智慧呢？

文/陈新新

爷爷，上次听你说北运河的故事，我知道南方的粮食是通过北运河运到通州，那到了通州后怎么运到北京呢？

通州的粮食也是通过漕运到达北京的，其中主要通过坝河和通惠河运输的！

坝河

坝河，又叫阜通河，开凿于金代。金政权迁都北京后，在今天莲花池公园附近西侧建立了中都城，使之成为北方重要的政治文化中心。当时北京地区的漕运除了要满足统治者的需求外，还要满足守城将士和普通百姓的需求，物资运输压力很大。在这种背景下，坝河得以开凿。

当时金代自高梁河南端起，开凿了一条渠道，分水东流，在今通州地区汇入温榆河，这条渠道就是坝河最初的雏形。但因高梁河水少，分支多，所以坝河经常出现缺水、堵塞情况，漕运受到影响[1]。后来金代又开凿了金口河和闸河，取代了坝河。

知识小贴士

高梁河：
即现在的长河，金代时高梁河上游源自今昆明湖，下游与今什刹海相接。

金口河：
金代开凿的一段引水渠，主要自永定河麻峪村引水至中都城北护城河，东通闸河。

---

[1]（元）托克托. 金史：志第八 [M]. 北京：中华书局，1975.

但是到了元代，坝河上却再现了船头尾相接的壮观景象。几乎被废弃的坝河，怎么会被重新重视呢？这还要从一段小故事说起。

元代初期，元灭金后，在金中都东北高梁河下游建立了大都城，坝河成为都城东郊的一条河流。当时粮食从京杭大运河到通州后，还得通过陆运到都城，非常麻烦。怎么才能让粮食更省时省力地运到都城呢？为解决这个问题，元世祖召集大臣们商议办法，郭守敬提出了重启坝河的方案，让坝河与北运河相接，这样运河运来的粮食就可以通过坝河直抵都城①。元世祖听了郭守敬的规划后，对他的方案很赞赏，于是便下令改造坝河。坝河疏浚通航后，船队浩浩荡荡地由北运河驶入，很是热闹，为粮食进京带来了极大的便利。

知识小贴士

闸河：
金口河下游，自金中都北护城河引水，西流至通州北运河，元代时被改建成了通惠河。

元世祖：
元朝第一代皇帝——忽必烈，属于蒙古族。

元世祖与郭守敬／宋琪

---

① （元）苏天爵. 元朝名臣事略：卷九十二 [M]. 北京：中华书局，1996.

随着漕运需求量越来越大，元代又修建了通惠河。可是江南运来的粮食也逐年增加，从通州到大都的粮食有一百多万石（dàn）呢，光靠通惠河是远远不够的。因此，坝河还是越来越繁忙。

思考：你们知道古代的一百万石相当于现在的多少斤么？

元代末期，农民起义爆发，政府无暇顾及水利，坝河漕运逐渐衰落。明清时期，坝河沦为城边排水沟，水害频繁。中华人民共和国成立后，政府又对坝河进行了几次改造，重新疏浚了坝河。如今的坝河有着良好的治理，成为京东一条重要的排水干渠。

坝河漕运图 / 宋琪

坝河，又叫作阜通河，这两个名字都是很有意义的。"阜通"原本的意思是指货物丰富，购买和销售的渠道畅通无阻。

那为什么又叫作坝河呢？顾名思义，坝河，肯定是与闸坝有关了。坝河上有七座闸坝，自西向东分别叫作千斯坝、常庆坝、郭村坝、西阳坝、郑村坝、王村坝、深沟坝，这七座闸坝当年对漕运起了很大作用呢！在元代，郭守敬对坝河进行改造后，水源时常不足，影响行船。为了克服缺水的困难，郭守敬想出用大坝来实行"分段驳运制"。首先，七座闸坝将坝河分成梯形水面，当漕船行驶到最东边的深沟坝下，用人工将漕粮卸载，搬到深沟坝上的船上，用船运到王村坝下。如此分段行船，逐级而上，就可以到达最西端的千斯坝，然后再转运到粮仓。

文/李晓玉

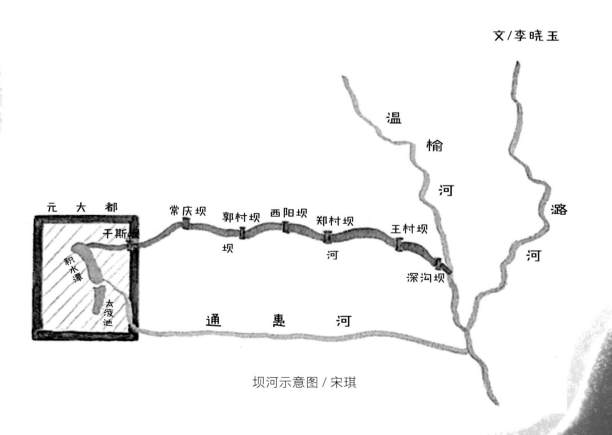

坝河示意图/宋琪

爷爷，听完了坝河的故事，我还想了解通惠河，快给我讲讲吧！

通惠河可是元代的"明星河"啊，在从通州到元大都的漕运上发挥了很大的作用。

通惠（huì）河

通惠河位于北京东侧，连通着朝阳区和通州区，这条河流曾经是北京漕运的大动脉！元代在高梁河下游建立都城后，人口增长迅速，对粮食的需求非常大。当时南方的粮食经京杭大运河运到北京通州后，只靠坝河上的漕运远远不能满足需求了，这怎么办呢？

当时，郭守敬奉命解决这个难题，他是元代著名的水利专家，经过一番思考，决定重新启用金代漕运的闸河。闸河的开通需要足够多的水来维系。为此郭守敬跋山涉水，在北京周边遍寻水源，终于在北京西北处找到了白浮泉，这儿泉水充足，可以有效地缓解漕运之需。

知识小贴士

北京的地理环境是西北高东南低，西北多山，东南临海，因此北京河流多是从西北流向东南，最终入海。

郭守敬规划通惠河图／宋琪

然而白浮泉位于北京西北，距离北京的漕运水库瓮山泊很远，而且中间有很多洼地、峡谷，高低不平，开凿一条直线的引水渠行不通，那么怎么让水平缓地流到瓮山泊呢？为此，郭守敬提出了海拔的概念，也就是设定一个参照点，让引水路线点与参照点的对比，高度逐渐变大。

郭守敬与白浮泉图 / 宋琪

　　凭借这一方法，郭守敬找到一条海拔逐渐降低的路线：先是从白浮泉向西，然后南行，再向东南转向瓮山泊，这段儿路线从天空俯瞰时，像一个大写字母C。接着从瓮山泊再经渠（qú）道流入什刹海，最终汇入通惠河①。

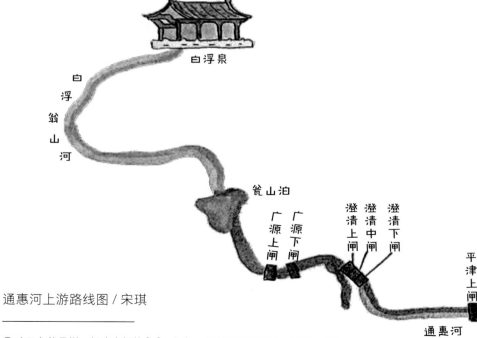

通惠河上游路线图 / 宋琪

知识小贴士

瓮山泊：
是北京颐和园内的昆明湖，它的面积比北京市内的五个北海还要大。

海拔：
指地面某一点高出海平面的垂直距离。

① （元）熊孟祥. 析津志辑佚 [M]. 北京：北京古籍出版社，1983：96.

20

水源的问题解决了，但还有一个问题困扰着郭守敬，因为大都城与通州地势相差50多米，河道地势陡峭，河流流入通惠河后，非常湍急。郭守敬一番苦想后，在通惠河上修了二十四闸坝（bà），分段蓄水，船只梯段航行，成功地克服了这个难题。通惠河里的水多了起来，运粮船在里面能够自由地行驶了①。

这个浩大的工程终于完工了，鳞（lín）次栉（zhì）比的船只，运载着货物，沿着通惠河驶进大都城，码头上下货物转运繁忙，热闹非凡。一日，元世祖忽必烈从外地返回大都城，经过万宁桥时，看到通惠河上热闹的场景，十分欢喜，当即给这条河取名"通惠河"，希望这条河惠及大都百姓。

知识小贴士

二十四闸坝：修建在河道和渠道上的建筑物，这里的作用就是节省水流，便于行船。

---

① （元）熊孟祥. 析津志辑佚 [M]. 北京：北京古籍出版社，1983：95.

通惠河漕运图 / 宋琪

通惠河的修建过程，处处体现了郭守敬的智慧。修建好渠道后不久，附近有居民担心地问郭守敬，大雨会不会冲毁河堤呢？于是，郭守敬设计了十二个用来泄洪的清水口，又用装满石头的笼子挡水，每当洪水到来时，河水就不会把河堤冲毁，石笼还大大地清洁了水源！

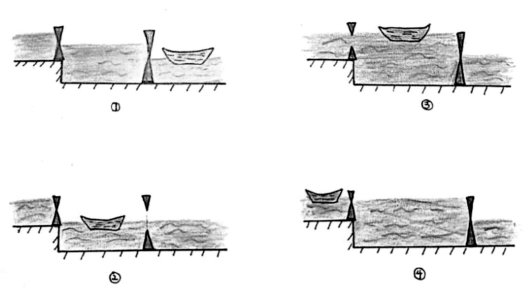

二十四闸调节水位图 / 宋琪

通惠河上的二十四水闸更是充分体现了他的智慧，这些水闸两个为一组，每组闸称上下闸，相距较近。当船走到下闸时，下闸打开，水位上升到与下游相平，船进入船闸；关下闸，开上闸，水库水位升至与上游相平，船进入上游，如此往复。不仅船只可以平稳地在河道上行走，还解决了因地势高差带来的水流流泻过快的问题。这种船闸技术到今天还被广泛使用，这令我们不得不感叹郭守敬的巧妙构思啊！

文 / 宋霞飞

爷爷，夕阳下金水河金灿灿的，是因为这样它才叫金水河吗？

哈哈，我的好孙女，如果真是这样的话，那每条河岂不是都能叫金水河了，爷爷给你讲讲金水河的故事吧！

金水河

北京的金水河一共有两条，一条为内金水河，一条为外金水河。内金水河穿过故宫，从太和殿门前流过；外金水河则流经天安门前①。当你下次去故宫的时候，能不能一眼认出它们呢？

那么金水河的名字是怎么来的呢？皇宫是古代皇帝住的地方，很讲究五行学说，皇宫中的房子，红色和黄色很多，但是红色、黄色象征着火，火太多就得用水来"消消火"，于是皇上就命人开凿了一条河流。

外金水河和天安门 / 余光宇

知识小贴士

外金水河： 起源于中南海南部，自南海东北部流出，流经今天安门，穿过金水桥，到皇城的东南墙与菖蒲河汇合出城，向南流入北京内护城河。

五行学说： 是中国古代朴素的唯物主义哲学思想。学说中，宇宙一切事物，都是由木、火、土、金、水五种物质组成，方位也与此对应。

---

① （清）于敏中，英廉等. 日下旧闻考：卷九 [M]. 北京：北京古籍出版社，1981.

古时的人们把金木水火土和五个方位结合起来，其中东方属木、西方属金、北方属水、南方属火、中央属土。这条皇宫里开凿的河流正好从西边发源，所以被称作"金水河"①。

在明清时期，金水河主要用来提供生活、景观用水，除此之外，你知道它还有什么功能吗？

北京故宫有个很了不起的地方，就是无论下了多大的雨，从未出现排水不畅的问题，大家猜猜是为什么呢？水都跑去哪里了呢？这其中金水河发挥了巨大作用。据说故宫内有大小九十多个院落，而金水河蜿蜒流淌整个故宫，每逢下雨的时候，各个院落降雨就近排入地下暗沟，都会流到金水河再排到宫外。几百年来，咱们北京的故宫经历了上千次大暴雨，但从未出现积水和水涝，就是得力于金水河强大的排洪功能。

---

① （明）宋濂. 元史：志第十六·河渠一 [M]. 北京：中华书局，2016.

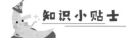

知识小贴士

地下暗沟：
地下暗沟纵横交错、四通八达，雨水排入暗沟以后，再由支沟汇集到干沟，经干沟排入内金水河。

内金水河和午门／余光宇

故宫中的内金水河 / 余光宇

当然，金水河还有防火的重要功能。据说明朝的时候，皇宫的武英殿建筑有一天突然发生了火灾，大家着急提着水桶救火，但是火势很猛，井水很难扑灭，因为后来大家想到金水河，纷纷去河里挑水，这才扑灭了大火。

几百年来弯弯的金水河一直守护着故宫，如今金水河依旧静静流淌在故宫内，映照着红墙、黄瓦，成为北京城一道最美丽的风景。

 知识小贴士

武英殿：
始建于明代的宫殿建筑，位于北京故宫外朝熙和门以西，现为故宫博物院的典籍馆和书画馆的所在地。

· 扩展小阅读 ·

　　大家都知道，故宫内的建筑是按照严格的对称方式建成的，每个建筑都是整整齐齐，按直线排布。然而，金水河却没按常理修建成笔直的，而是像"蛇"一样盘旋在故宫里，这随意弯曲的内金水河，会有什么深意呢？

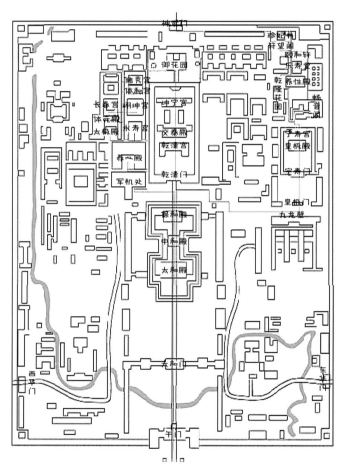

京城中的金水河 / 周坤朋

　　看完图片，是不是觉得内金水河的确很像一条游走在紫禁城的"长蛇"，传说这是一个独出心裁的设计。因为古代的皇帝有着至高无上的权力，治理着全国，自然希望全国能风调雨顺，五谷丰收。而"蛇"在古代恰恰代表了丰收、吉祥、尊贵、神圣。另一方面，皇家希望能子孙满堂，蛇又有多子多孙的好兆头，代表了皇家的美好祝愿。小河虽不宽，却有着大大的深意，像是故宫的守护神，世世代代看护着故宫。

文/陈新新

26

爷爷，"金城汤池"是什么意思啊？

那这个护城河是用来保卫城墙的吗？

这个成语讲的是城墙用金属建造，城墙外面一圈还有沸腾的护城河水，这是来形容古代城市的防护功能极其强大，敌人不好攻打嘞！

当然啦！今天爷爷就给你讲讲北京护城河的故事！

北京护城河

　　古代的护城河也叫濠（háo）沟，是古代皇帝让老百姓围绕城墙、皇宫等建筑挖掘的人工河。正是因为城墙外边多了这条河，城外的猛兽或者敌人就很难进去，城里的人就可以过上和平稳定的生活。你看古人是多么聪明呀！在古时候不仅仅中国有，世界上许多国家都有护城河。

　　护城河上建有木桥，这些木桥可以升起、可以降落，城里的人想要出来时就把吊桥落下，当敌人来攻打时就升起来。

护城河吊桥图 / 宋琪

知识小贴士

北京护城河总长约为41.19千米，而我们学校操场一周大概400米！其长度相当于100个操场围起来那么长。现在因为北京的不少护城河段被改成了暗河，现在的总长度大概是原来的一半。

明朝为什么要移动元大都城墙的位置呢？

元大都：

中国元代的都城，是元世祖时创建的，区域包括北京市旧城的内城及其以北部分，是当时世界上最大的都市。

　　说起北京的护城河，那可是历史悠久。北京现存有外护城河、内护城河、紫禁城护城河一共三道护城河。怎么会有这么多条呢？因为北京是六朝古都，每一个朝代都会有城墙，也有相应的护城河，每当新的朝代替换时，护城河就会跟着被改变。

　　古时辽代、金代都在广安门附近挖护城河；到了元代，当时的统治者就在金代都城的东北方向建立了新的都城——元大都，并在城墙外修了一圈护城河；明代时，将元代的北城墙向南缩进五里，南城墙向外扩张一里，形成了新的城墙，护城河始终随着城墙移动。

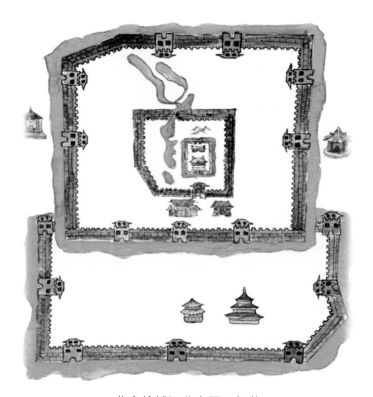

北京护城河分布图 / 宋琪

护城河上放河灯图 / 宋琪

据说明代后期时，蒙古军队经常来北京附近挑衅，皇帝为了安全起见，决定在城墙的外边再加一圈城墙，但朝廷里没有多少钱来修建，最后只在南边城墙外加了一道城墙，由此形成了北京城墙的凸字形格局，也形成了凸字形的护城河，就有了内护城河和外护城河。

明清的时候，妇女可以在城外的护城河里洗衣服，小孩子也常常到护城河边玩耍。每到冬天，护城河都结上了厚厚的冰，京城百姓们出来游玩都走冰上路线，省钱还方便。而且每年农历七月十五中元节时，护城河还是大家放河灯、赏河灯的地方。

思考：大家利用护城河里的水都可以干啥呢？

知识小贴士

中元节：

中国传统节日，该节是追怀先人的一种文化传统节日，其文化核心是敬祖尽孝。节日习俗活动有祭祖，放河灯，烧纸钱，祭祀土地等。

· 扩展小阅读 ·

　　你知道开凿护城河的泥土都去哪里了吗？原来它可以用来烧砖填土修城墙，这样的话就大大降低了修建城墙的成本。明朝永乐时期，依据"苍龙、白虎、玄武，以正四方"之说，紫禁城北面是玄武之位，应该有山。所以，当时将开挖紫禁城筒子河的泥土堆积在了那里，形成了一座土山，并取名为："万岁山"，也就是我们今天所说的景山，站在景山上可以俯瞰整个故宫和北京城，当然也可以看到方方正正的护城河了。

　　你知道护城河之最吗？

　　最宽的护城河是襄阳护城河，据史料记载，早在宋代，它的平均宽度就超过了180米，最宽处达到250余米，堪称华夏第一城池；

　　最方正、保存最完整的护城河是北京紫禁城护城河，宽约50米；

　　最圆的护城河是上海嘉定古城的护城河，围绕古城的是一条半径约1000米近乎圆形的护城河。

文/宋霞飞

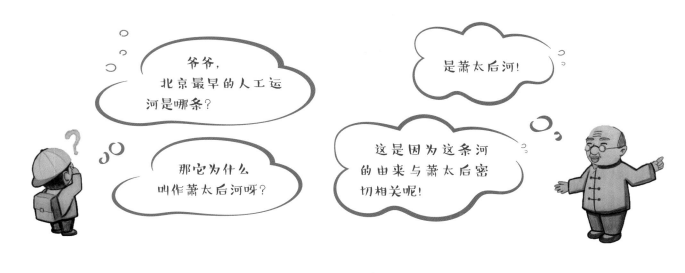

爷爷，北京最早的人工运河是哪条？

是萧太后河！

那它为什么叫作萧太后河呀？

这是因为这条河的由来与萧太后密切相关呢！

萧太后河

萧太后河历史悠久，是北京地区开凿的最古老的运河之一。相传在北宋的时候，北宋疆域北部有一个辽国，辽国有一位精明干练的太后，叫萧太后。她有一次率军征战北宋的时候，在南京（今日的北京）扎营，可是营池一度缺水，战士们饥渴难耐，萧太后扬鞭一指，前面竟然出现了一条清可见底的河水，战士们尝后连连称赞河水甘甜可口，后来人们便称这条河为萧太后河。

知识小贴士

你知道吗？辽代南京城并非今天的南京，而是现在的北京。它位于北京城西南广安门一带，是辽国的陪都。菜市口西立有一块"辽安东门故址"的石碑，就是原南京城东垣中部城门旧址。

思考：辽国大约在我们历史上的哪一时期？

萧太后征战图 / 余光宇

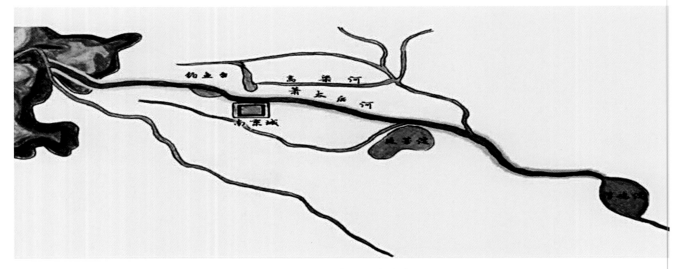

萧太后河示意图 / 余光宇

虽然只是传说，但也显示了这条河流与萧太后的密切关系。萧太后河开凿于辽代，地处北京东南郊，属于凉水河的一条支流。河道主干源于东南护城河，自西北流向东南。

萧太后河虽不长，但在当时可是北京城的生命线。北宋与辽国在白沟河两岸形成对峙，辽国在南京（今北京）长期有大批的军队驻扎，粮食补给十分重要。尽管辽国从今辽河流域及内蒙古、山西等地筹来了大批物资，但是陆路运输费时费力，尤其是每逢下雨，更是车马难行。如何才能安全便捷的把物资传送至南京呢？这便掀开北京开凿人工运河的第一篇章。辽统和六年，由萧太后主持开凿了一条连接南京和通州的人工运河，这就是现在的萧太后河。

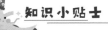

漕运图 / 余光宇

王公贵族游猎图 / 余光宇

　　萧太后河原本是为了运送军粮而开凿，之后渐渐成为辽国皇家重要的水路交通绊路。因为运河自都城东南流向至通州，途径延芳淀，延芳淀水草茂盛，野生动物众多，是理想的打猎游玩之地。辽国皇室贵族每年冬季都要到张家湾延芳淀去打猎，萧太后河就成了游猎的必经河道。

　　萧太后河比元代的坝河漕运早280多年，比通惠河早300多年，作为辽国一号水利工程，萧太后河河道坚固异常，河底以坚硬的黑色黏土铺垫而成，土黑如铁；河岸以黄色黏土铺垫而成，土黄如铜。有着"铜帮铁底"的称号①，至今依然是北京东部的重要排水干渠，展现了一千多年前古代劳动人民的勤劳和智慧。

思考：坝河和萧太后河是哪个朝代的呢？

────────────

① 吴世民，王芸. 北京水史 [M]. 北京：中国水利水电出版社，2013.

　　说起萧太后河，就不得不说起和这条河密切相关的人物——萧太后。萧太后本名萧绰（chuò），小名燕燕，是个文武双全的奇女子。萧太后自幼聪慧美丽，16岁就被辽景宗耶律贤选为贵妃，第二年就封为皇后。萧太后陪伴了辽景宗14年，后来辽景宗驾崩，他的幼子继位。宋太宗看到辽国孤儿寡母执政，觉得有机可乘，于是率兵攻打辽国。但在萧太后率兵抵抗下，不仅大胜宋国，还俘获老将杨业，杨业绝食而亡，后来杨家子孙也以杨业为榜样，南征北战，这些事迹在民间演绎成著名的"杨家将故事"。

萧太后画像 / 余光宇

　　民间故事中，杨家儿孙个个武艺高强，他们率领的军队令辽兵闻风丧胆。不过宋国奸臣当道，奸臣潘仁美嫉贤妒能，一直找机会迫害杨家名将。一次辽国皇帝约请太宗，赴金沙滩"双龙会"，但却暗藏杀机设下埋伏，将太宗困于行宫。顿时情形大乱，刀光剑影。保卫太宗的杨家大郎、二郎和三郎战死、四郎和五郎失踪，七郎也被潘仁美万箭射死。最后，杨家所有女人，在佘太君带领下，以柔弱的双肩继续擎起抗辽大旗，书写了一段抵抗外辱、反抗侵略的壮美诗篇。

文 / 李晓玉

爷爷，老舍先生写了一个话剧《龙须沟》，这个话剧是关于什么的？

哦，是吗？

这个话剧啊，是老舍先生根据一条沟周边的故事改编的，而且这条沟就在咱们北京呢！

爷爷现在就给你讲一讲龙须沟的故事！

龙须沟

龙须沟是北京城最著名的水沟。明朝永乐年间，朝廷在北京南郊中轴线东西两侧先后建造了天坛、先农坛。先农坛建好以后，建筑周边老是积水。容易把刚修好的建筑泡坏了。为了解决这个问题，人们在先农坛周围挖了一条水沟，水沟经过天桥、金鱼池、红桥后，向南流入了永定门外的护城河，横贯北京西南。水沟威武蜿蜒，就像中轴线龙脉的大龙胡须，人们就依照着它特殊的形状给它取名"龙须沟"。

 知识小贴士

天坛：
明、清两代帝王祭祀皇天、祈求五谷丰登的一个场所。

先农坛：
明清两代皇家祭祀先农诸神的场所。

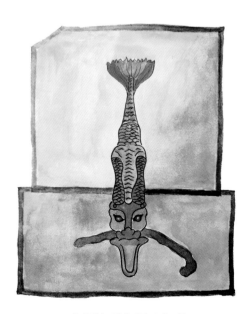

龙须沟形象图／宋琪

昔日龙须沟图 / 宋琪

到了民国时期，很多逃荒的穷人到了北京，发现了龙须沟是一个可以居住的好地方，但住的人多了后，大量的垃圾堆放在河边，生活用水直接倒入河里，时间长了，河水也不再干净。被污染的河流散发出恶臭气息，垃圾肆意地漂流在水面，人们走在附近都很难受。

中华人民共和国成立后，为了改善人民的生活和卫生环境，北京市启动了龙须沟改造工程。在地下暗河之上，新建街道和居住区居民的居住和生活环境得到了明显的改善。

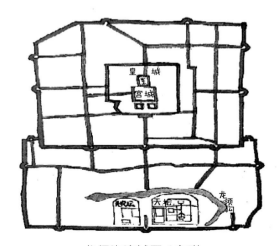

龙须沟流域图 / 宋琪

· 扩展小阅读 ·

老舍先生根据政府改造龙须沟的事件，创作了三幕话剧《龙须沟》。话剧中，讲述了龙须沟旁边一个杂院的4户人家在社会变革中发生的故事。其中有个非常正直的老艺人叫程宝庆，原在一家茶馆里唱单弦，因为拒绝恶霸黑旋风要求，被黑旋风的手下打伤，逃到龙须沟，依靠他的妻子程娘子在路边摆烟摊勉强度日。程宝庆内心忧郁悲愤，但周边的居民都不知道他的来历，都叫他为"疯子"。只有程娘子能够理解他，劝他忍辱负重，伺机东山再起。龙须沟有个小恶霸冯狗子，欺负了程娘子，抢了她的烟，龙须沟其他住户也经常受到小恶霸的欺负。正直的泥瓦匠赵老头为他们打抱不平，但无济于事。其中一个叫丁四的三轮车夫女儿小妞子不小心掉进了脏臭的龙须沟被淹死了，这让龙须沟周边居民生活更加凄凉悲惨。中华人民共和国成立后，人民政府惩治了流氓恶霸。1950年还改造了龙须沟，龙须沟人民过上了幸福的生活。1951年话剧成功上演，成为毛主席在北京观看的第一部话剧，小朋友们有机会可以与父母一起去欣赏一下这部话剧！

龙须沟剧照图 / 余光宇

文 / 董艳丽

37

爷爷，很多城市都有母亲河，那咱们北京城的母亲河是哪条河啊？

北京的母亲河，是一条叫作永定河的大河，关于永定河还有很多历史传说故事。

好啊！好啊！您快给我讲讲吧！

永定河

　　永定河，又称㶟（léi）水、桑干河、卢沟，这条河全长747公里，流经内蒙古、山西、河北三省区，北京、天津两个直辖市，共43个县市，流域面积接近5万平方公里。北京地区的五大水系中永定河与北京关系最为密切，被称为"北京的母亲河"，是咱们北京城市文明发展的摇篮！

永定河流域 / 宋琪

地壳运动：
由于地球内部原因引起的组成地球岩层的机械运动，会形成山脉、海洋、盆地等各种地貌。

太行山脉：
又名五行山、女娲山，是中国东部地区的重要山脉和地理分界线。

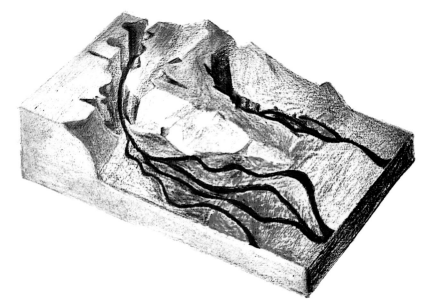

永定河冲积扇 / 余光宇

　　为什么称永定河是北京的"母亲河"呢？原来相传在亿万年前，我们今天北京所在的地方是一片汪洋大海，后来因为地壳运动和火山喷发，使北京西北部逐渐隆起大大小小的山峰，形成了西北高、东南低的地貌格局。而永定河起源于现在的山西省境内，上游流经黄土高原东北部，因为黄土高原土质疏松，永定河水冲刷带走了大量泥沙，泥沙填平了北京的汪洋大海，形成了咱们的北京小平原。

　　你知道吗？永定河曾经有个特别有趣的名字——无定河。因为这条河携带着大量泥沙，出门头沟山区进入北京平原后，地势变得平缓，河水的泥沙逐渐淤积，使河床逐渐变高，形成了地上河。每到夏秋暴雨时节，永定河水量暴涨，水流湍急，不容易固定，经常决堤给附近人民造成灾害，无定河的名字也由此而来。

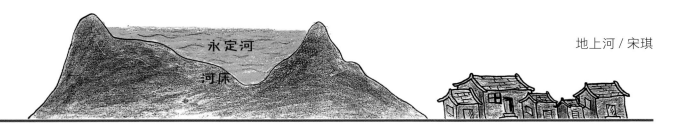

永定河
河床

地上河 / 宋琪

那这条河道不断变化的"无定河"怎么就变成了永定河呢？这与中国古代一位著名的皇帝有关，他就是清代的康熙皇帝。传说康熙刚即位的时候，有一年夏天，京城连日大雨，无定河的水冲垮了卢沟桥，并沿护城河冲到了城楼下。当时河水漫过城壕，吞没桥梁。康熙皇帝登上午门看到如此悲惨场景，下定决心治理"无定河"。康熙皇帝命人多次治理，沿河筑起"两岸大堤"，使永定河水固定在渠道里，才显著地减缓了永定河容易决堤状况，最终解决了永定河水患。康熙皇帝为了纪念这件事情，给"无定河"赐名"永定河"，希望它永远不再泛滥。

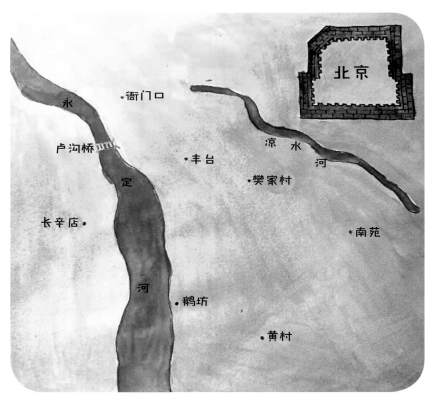

永定河和北京城／宋琪

思考：大家通过阅读本篇文章，了解到为什么北京的母亲河是永定河了吗？

40

　　在石景山永定河的东面原来有两块碑：东边那块，上面刻着"河挡"。西边那块，上面刻着"挡河"。说起来这两个石碑还有一段故事呢！

　　明朝时期石景山上住着大太监刘瑾。刘瑾早年忠心耿耿地效忠皇上。后来皇上封他为九千岁。可这个刘瑾还不满足，有一天，刘瑾进宫拜见皇上。闲聊时，刘瑾转着弯儿地问皇上："陛下，这九千岁加一千岁是多少岁呀？"皇上捋了捋胡须慢慢地道："九千岁加一千岁是十千岁呀！"弄得刘瑾也没办法，看来这"万岁"是讨不来了。

　　回到家，他想出一招：扒开永定河，水淹北京城，到那时，我这唯一的九千岁岂不就是皇上了吗？

　　为了早日挖开永定河，刘瑾下重赏——挖一斗石头给一斗银子。人们为获利便拼命挖，这时却来了两个小孩子来闹，刘瑾大怒问道："你们叫什么名字？""我叫河挡！""我叫挡河！"两个孩子抢着回答。刘瑾一听气坏了，大声叫道："什么河挡、挡河的，给我拖下去！"可手下去拉的时候，小孩身体却纹丝不动。刘瑾吓坏了，大叫道："放箭！放箭！"只听一阵当当乱响，只见眼前出现两块大石碑，众人被镇住了。仔细一看两个石碑上分别刻有醒目的大字："河挡"和"挡河"。这时天已大亮，刘瑾要淹北京城的毒计终于落空了。原来这两个孩子是玉帝派来的两个护法仙童，到这儿阻止挖河的。第二天，皇帝闻报，知道了刘瑾的阴谋，十分生气，下旨把刘瑾打入了天牢。

文/范宇澄

弯弯，你知道吗？
北京有一条河，一年四季都
是温热的哦，即使到了冬天也
不会结冰。

真的假的啊！
您能证明给我看吗？

还真的有啊！
爷爷快告诉我这叫
什么河。

当然啦！
有图为证哦！

温榆河

这条四季不结冰的河就是温榆河，温榆河位于咱们北京市东北部，是一条很老的天然河道，河流自西向东流经海淀区、昌平区、顺义区、朝阳区、通州区，沿途还有许多条河流汇入，同时温榆河还是北运河的源头之一。

人有名字，河也有自己的名字啦，那温榆河的名字是怎么来的呢？在古代温榆河有很多名字，有民间俗称的，也有书本上记录的。温榆河第一次被记录在书中的名字叫温余水。为什么叫温余水呢？有两种不同的解释。第一种是因为温余水的温度常年都是温热的。第二种则是因为有人认为温榆河就是灅（lěi）余水，因为古代书籍都是手抄本，灅（lěi）字就渐渐地被写成了温[1]。

名字的由来说完了，那这条河又是怎么来的呢？温榆河的源头，分为正源、重源与别源。

温榆河 / 王博真摄

知识小贴士

正源：
河流源头上端正方向。

重源：
河流重新出现的地方。

别源：
河流的另一个源头。

居庸关：
地名，是京北长城沿线上的著名古关城。

---

[1] 杨进怀，马东春. 寻古润今——北京水文化遗产辑录 [M]. 武汉：长江出版社，2015.

温榆河起始于居庸关向南流到军都关，这就是温榆河的正源啦。但是河水流到了军都故城附近就消失不见了，其实她没有消失，只是她在地下藏了足足十多里后才再次涌出地面。因为水源突然出现，水量快速增多，水源处就形成了一片水池，人们给她起名为温余潭，这就是温榆河的重源喽。

温榆河有很多别源，分别是北沙河，南沙河，东沙河，正因此民间也亲切地称她为"百泉水"。

关于温榆河还有一个有趣的故事。以前的通州有八景，其中一景"二水会流"指的就是潮白河和温榆河相汇于北运河的情形，北运河的北端就是从这里开始的哦。而北运河历史上是一条服务于北京的重要漕运河道，所以作为北运河的源头之一的温榆河，为北京的漕运也是出过一份力的哦！

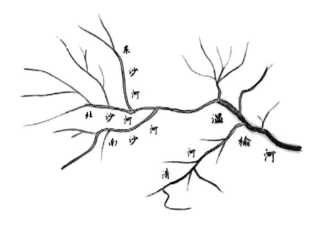

温榆河流域分布图 / 余光宇

二水会流 / 余光宇

· 扩展小阅读 ·

　　你知道为什么农历二月二要吃炒豆子吗？说起来还和温榆河有关呢。

　　当地的老人说温榆河早先常有水患。住在这里的人们为了防洪，就在这里筑起了一道长长的土坡——二郎爷坡。

　　相传在这温榆河里，有一条金鳞金翅的大鲤鱼，每年它都会游过二郎爷坡。只要它跳出水面，当地准是风调雨顺。所以当地人们常常到二郎爷坡供奉金色大鲤鱼，以求得五谷丰登。

　　然而有一年，金色大鲤鱼没有来。当地天天赤日炎炎，人们眼瞅着庄稼慢慢干枯死了。村长只好组织村民来到二朗爷坡祈求神明保佑。金翅大鲤鱼听到了求助，求它的好朋友小玉龙为二郎爷坡周围的土地降雨。小玉龙听后，偷出降雨令牌，赶到二郎爷坡下了场滂沱大雨。百姓们得救了，但小玉龙却遭了殃，因触怒玉帝，小玉龙被压在山下反省。众神为小玉龙求情，可玉帝不愿宽恕它，于是就向众神提出了一个不可能完成的任务。他说："想让小玉龙重返天庭也不是不行，只要金豆开花就可以。"二郎爷坡乡亲们得知此事后说："那金黄色的玉米不就是金豆吗？"于是，大伙纷纷拿出家中的黄色玉米，炒成了玉米花，拿到二郎爷坡，铺了一片。对着上天喊道："金豆开花了，快放了小玉龙吧！"。玉帝无奈只好让太白金星将小玉龙放了。从此，每年的农历二月二，乡亲们都要拿着炒好的玉米等供品，到二郎爷坡纪念小玉龙和金翅大鲤鱼。

祈愿图 / 余光宇

文/陈旦妮

爷爷，潮白河的名字和"朝拜"谐音，潮白和朝拜有关系吗？

弯弯说对啦！潮白河名字的由来还真跟"朝拜"有点关系呢，爷爷今天就给你讲讲潮白河的故事。

潮白河

潮白河是京东的第一大河，海河五大水系之一，流经北京、天津、河北三省市，全长458公里，北京境内流域面积5688平方公里，素有"北京莱茵河"之称，被誉为顺义的母亲河。潮白河上源有两支，东支为潮河，西支为白河。潮河因为"时作响如潮"而称潮河，白河则是由于河底白沙聚集河水白净而得名。

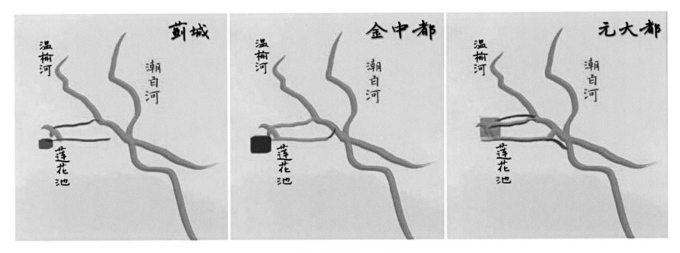

潮白河汇流示意图 / 宿玉

潮河、白河原本自成水系汇入大海^①。北魏时期，两河在汇合，明嘉靖三十四年，汇流点北移至顺义牛栏山。

明代皇帝朱元璋为了巩固北方边关，在密云东北部驻守重兵。由于位置偏远，运输不便，只能通过陆地运输。但这样会耗费大量的人力和物力。为了缓解运输压力，明朝决定开辟水路运输线。在明嘉靖三十四年，开启了历史上著名的重大工程之一——引白壮潮。在白河古道杨家庄开挖新河口和新河道，使河流在自马头山西，流入怀柔界，经密云县城，再西行至河漕村与潮河交汇。这一改造壮大了潮白河的水势，使运输漕粮的船只直抵密云县城。

改道工程挖掘河道27公里，全靠人工，在当时无疑是一项无比艰巨的任务，足足需要330多万个工时才能完成。当时的密云县约有劳工1.5万人，哪怕是举密云县全县之力也是难以胜任，所以只能从外县调入大量的人力物力。

引白入潮后，每年水运漕米约15万石，约占密云县当时军粮年总储量的94%。而夏秋季节潮河涨水时，则可将漕运粮船一直驶到古北口城下，直供军需。

拦水堤示意图 / 宿玉

---

① （北魏）郦道元. 水经注：卷十四. 北京：中华书局，2009.

潮白河畔 / 网络

因水量充沛，中华人民共和国成立后政府对潮白河进行了多次治理，修建了众多大中小型水库，其中最有名的就是密云水库，这个水库是北京最大的，也是唯一的饮用水源供应地，有"燕山明珠"之称。除此之外潮白河景色秀美，每到三、四月间，潮白河的河面上，都会引来数以百计的野生大天鹅迁徙至此，逗留歇息、嬉戏觅食，为初春季节的潮白河平添一抹迷人白色，还有嬉戏觅食的白鹳。

 知识小贴士

小朋友们知道宰相刘罗锅吗？他与乾隆皇帝还与潮白河的一个传说有关，先给大家介绍下这位大才子。

宰相刘罗锅：
刘墉，清代著名的帖学大家，被世人称为"浓墨宰相"。民间有传言刘墉个子很高，常年躬身读书写字，背看上去有点驼，因此产生了"刘罗锅"的说法。

　　说起潮白河名字的由来，传它与乾隆有着不解之缘。相传，乾隆下江南回来，按照原计划船队应该走运河，可是乾隆非要从潮白河走。那时候，这条河经常有贼盗出没，大臣刘罗锅恐怕出什么问题，劝他走原道。乾隆满心不乐意，偏要走，刘罗锅无奈，只好听他的。

　　走着走着，突然天气大变，乌云密布，天黑得像锅底一样，跟着刮起凛冽的西风。河面波涛滚滚，水浪像小山一样，一个接一个向龙船扫来。这时，龙船就到京南了。刘罗锅心中疑惑，刚才天还好好的，怎么突然变了？走出船舱一看，龙船四周全是小灯笼。刘罗锅十分

乾隆与刘墉 / 宋琪

惊奇，这里怎么这么多灯笼呀？细心一看，原来是条蛟龙，灯笼原来是鱼鳖虾蟹的眼睛。

　　刘罗锅恐怕惊了圣驾，呵斥它说："当今天子在此，尔等休要放肆！"蛟龙一本正经地说："我们是来朝拜的！给我们叫皇上去吧。"乾隆一听，可坏了。刘罗锅说："水里的精灵是朝拜来的，您不用怕。"乾隆十分别扭，虾米小鱼子拜我干什么？刘罗锅说："皇上是真龙下界，不但是百姓皇上，也是水族皇上。它们知道您来，能不朝拜吗？"乾隆笑了，心想，那就去吧！蛟龙乐不可支，慌忙倒头跪拜，那些精灵也跟着叩拜起来。从那时起，这条河就有了名字，叫朝拜河，后来演化为潮白河。

　　　　　　　　　　　　　　　　　　　　　　　　　　　　　文/郑欣昱

爷爷，听说北京有条河叫凉水河，是因为水很凉吗？

隋炀帝是谁啊？

不错！这条河流就是因为水很凉而得名，除此之外，这条河还与隋炀帝有关呢！

隋炀帝是咱们中国历史上的一位皇帝，爷爷给你讲讲吧！

凉水河

凉水河为什么叫"凉水河"呢，它的名字是怎么来的？据说凉水河发源于北京城南部的水头村。水头村地势很低，芦苇丛生，泉眼众多，有三步一泉之说。涌流的泉水清澈、水汽清凉，汇集成的河水也透彻清凉，凉水河也由此得名[①]。

凉水河位于北京城南部，属于北运河水系。这条河流历史悠久，有着1400年的历史，历经隋唐、辽金、元明清等多个朝代，在历史上曾起到运送粮草、灌溉农田等作用，在北京城水系中占据着重要的地位。

---

① 〔清〕于敏中，英廉等. 日下旧闻考：卷九十 [M]. 北京：北京古籍出版社，1981.

凉水河 / 网络

凉水河和隋炀帝有什么关系呢？说起隋炀帝，他是隋代第二位皇帝，最著名的功绩就是修建了举世闻名的隋朝大运河，还营建了东都洛阳。

但隋炀帝非常的残暴，横征暴敛、连年征战，导致天下大乱，隋朝灭亡。隋炀帝即位时有高丽王多次派兵骚扰隋朝边疆。面对高丽的不断挑衅，隋炀帝决定要亲征高丽，隋朝军队面临的最大问题就是运输。

知识小贴士

高丽：
又称高丽王朝，是朝鲜半岛古代国家之一。之后经历很多更迭，演变成现在的韩国和朝鲜。

蓟城：
曾是战国时期燕国的都城，现在的北京所在城。

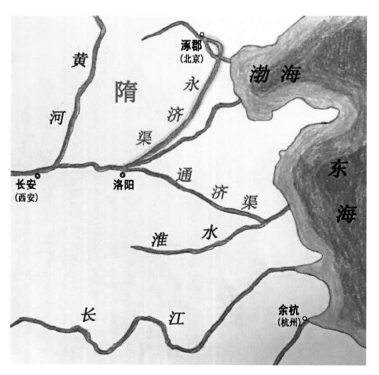

隋代永济渠示意图／余光宇

那时的北京称为涿郡，东征的大本营就在于此。如何才能把全国各地的粮食和士兵运到涿郡、幽州呢？为此隋炀帝决定开凿连接河南洛阳和蓟城的运河，这就是后来的永济渠。

知识小贴士

永济渠：
是隋朝北方用兵时，输送战备物资的运输线。自洛阳起，经过今天河北、山东、天津，到北京。

开凿大运河图 / 余光宇

永济渠开凿初期，隋炀帝征调运河以北地区的百万劳役，从洛阳北上直到通州地区开凿运河。但是由于北京到通州并没有完整的运粮河道，到了通州以后粮草不能通过水路运输，开凿通州至北京城的水路运输至关重要。

而凉水河自涿郡南部东南流向入通州，是理想的运输河道。隋炀帝命人在原河道的基础上开凿新的河道，并与永济渠南段相通。修整的凉水河大大地加宽，成为隋炀帝运送粮草和士兵的重要运河，这就是凉水河的由来。

知识小贴士

凉水河 = 牛奶河？

凉水河有一个奇怪名字"牛奶河"。因河流在北京南部，很多污水都汇集到这里，久而久之河水变得像牛奶一样黏稠，被人们戏称为"牛奶河"。幸运的是，凉水河经过多年治理，水质逐渐变好，又成为一条清澈河流。

　　传说清朝乾隆皇帝在位时候，凉水河经常发大水，乾隆皇帝为了不让凉水河影响到周边的老百姓，就去找龙王爷，请他帮忙治水。龙王爷听了乾隆皇帝的要求后，派了一条千年泥鳅精来镇守凉水河，凉水河此后一直没有发大水。多年后泥鳅精居功自傲，埋怨乾隆皇帝没有好好奖赏它，于是就经常偷吃皇家圈养的麋鹿。

　　有一天，它正要捕捉一只麋鹿的时候，不小心被麋鹿发觉，踢了他一脚，正巧踢到了它的一只眼睛上，成了一条独眼泥鳅。独眼泥鳅大发雷霆，就在凉水河发起了大水，以报瞎眼之仇。大水冲进了鹿圈，麋鹿四处奔逃。乾隆皇帝没有办法，只能再找龙王爷告状，龙王大怒，就派来虾兵蟹将捉拿独眼泥鳅，把它锁在了深井里。

　　龙王又命令河神，鹿圈桥至半边桥段的凉水河冬天不许结冰，这样园子里的麋鹿一年四季都能喝到河水了。从此以后，凉水河这一段真的就不结冰了。当然这是一个神话故事，凉水河不结冰主要是因为在这个地区有不同地方的河水汇入，使得凉水河水量明显增多，再加上地势陡峭，河水流速很大，河水因此不结冰。

文/郑欣昱

> 这些年，凉水河连年大水危害百姓，愁死联了！

爷爷，延庆区有没有重要的河流呢？

是形状像龙的那一条吗？

当然有了，妫水河就是很重要的一条！

对！就是它。它也被称为延庆的母亲河。

妫（guī）水河

妫水河，又叫妫川，发源于北京延庆松山自然保护区，是永定河的一条支流。妫水河在延庆有着母亲河一样的地位。妫水河上游的金牛湖像龙首引着妫水向西，下游的妫水湖好像龙尾，中间的妫水如同游龙一样在山谷中蜿蜒迂回。妫水河在北京西北群山之中，位置幽僻，自古环境就特别的好，两岸青山、绿树、碧水、环境清幽，不是江南胜似江南。

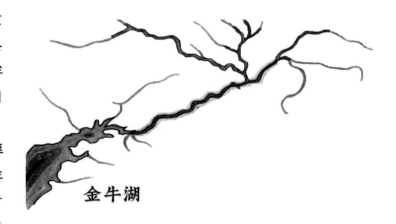

金牛湖

妫水河示意图 / 余光宇

明清时这里成了旅游胜地，许多文人都会聚在这里，写诗作赋，好不热闹。因为延庆的山很多，所以妫水河大多在山谷中穿行。每当下雪后，山河皆披上了白色的外衣，银装素裹，景色格外迷人，这一风光名为"妫川积雪"，是延庆八景之首。

小朋友们知道吗？咱们北京2019年的世界园艺博览会与妫水河密切相关。园中的妫汭（ruì）湖就是引妫水河的水，而妫水河世园段的水质，已经达到地表水Ⅲ类标准。这是什么意思呢？说明这里的水很适合小鱼小虾生活嬉戏，所以在世园会园区内看到飞鸟翩跹（xiān）、鱼翔浅底的美景，也就不奇怪咯！另外，为了保证世园会期间妫水河园区段的水量充足，延庆区水务局等部门还要给妫水河"喂水"，补水量相当于20个昆明湖呢！

知识小贴士

延庆八景：
妫川积雪、海坨飞雨、神峰列翠、荷池夕照、古城烟树、独山夜月、缙阳远眺、珠泉喷玉。

地表水Ⅲ类标准：
主要适用于集中式生活饮用水地表水源地二级保护区，鱼虾类越冬场、洄游通道，水产养殖区等渔业水域及游泳区。

妫川积雪图／余光宇

女娲补天图 / 余光宇

　　除了风景优美，关于妫水河还有一些神秘的故事传说。一则与妫水河的名字相关，"妫"字在《说文解字》中有个意思代表姓氏。这个姓氏是上古时期的原始姓氏之一，舜帝就是妫姓，名为妫舜。传说舜帝还是庶人之时，尧将自己的两个女儿，也就是娥皇、女英许配给了舜，共同居住在妫水之滨，因此后代以"妫"为姓氏。另一则与妫水河来源相关，相传女娲炼五色石补天，用鳌的脚支撑天的四个角，又治理洪水，妫水河就是在这个过程中形成的。

　　现如今，妫水河是延庆区的重点保护和开发对象，在河两岸建了许多风景优美的公园，如现代化艺术气息的古都公园，历史气息浓厚的妫水河森林公园，人气旺盛的妫水公园等，每个公园都有着自己的特点，向我们展示着妫水河不同的特色，小朋友们有机会可以与爸爸妈妈一起去看看哟！

知识小贴士

女娲：
中国上古神话中的创世女神。她不但补天救世、捏土造人，还创造了万物，被称为"大地之母"。

· 扩展小阅读 ·

"妫水河"的名字传说与舜帝相关。相传舜的父亲是个盲人，他的妻子握登在废墟中生下了舜。当舜还是平民的时候，就有很高的声望。虽然他的继母和同父异母的弟弟象到处说他的坏话，对他很不好，可他依然尽心地侍奉。当时唐尧年纪大了，准备选一位继承人，感觉舜是一名合适的人选。象一直想得到帝王之位，便到处散播舜的坏话，看到没有起什么作用，便起了杀舜的念头。舜的两个妻子——娥皇和女英，都是尧的女儿，象几次布局要除掉舜，都被他的两个妻子解救了，最后协助舜制服了象，尧最终决定把帝位传给了舜。

尧帝传位图 / 余光宇

娥皇和女英协助舜制服象的地方即为妫水之滨，后来"妫"字也成为舜帝家族的姓氏。不过，这里的妫水是否就是延庆的妫水河，还有许多争议。

文/王宇洁

拒马河

拒马河古称涞水，发源于河北省涞源县①，在房山"十渡"风景区进入北京市境，流经张坊、大石窝两镇，在河北涞水县分为南北两支，最后汇入白沟河。拒马河干流长254公里，房山区境内干流长61公里。

关于拒马河名字的由来，有几个有趣的故事。据说大约在汉代时期，涞水水量大、流速急如巨马奔腾，人们便将涞水改称为"巨马河"，又因为古时书籍都是人工手抄，手抄时难免会出错，将"巨马河"写成了"拒马河"。另外还有一个故事则与军事有关。据史书记载：西晋时期，羯族首领石勒率军攻打西晋，晋将刘琨在涞水带兵抵抗石勒兵马入侵。

知识小贴士

西晋：
中国古代的一个王朝，创立时间在三国之后。

羯族：
北方游牧民族。

石勒：
中国历史上的唯一一个奴隶皇帝。

拒马河流域分布图 / 余光宇

---

① （北魏）郦道元. 水经注校证 [M]. 陈桥驿校正. 北京：中华书局，2013：289.

传说刘琨在河中设置了拒马，因涞水水流大且急，石勒在河岸无法看出水中隐藏的拒马，兵马过河时，纷纷陷入河中，全军惨败。

为什么拒马河与军事这么有缘呢？原来拒马河主要流经河北、北京，是中原农耕文明与塞外游牧文明的衔接地带，可谓是兵家必争之地，因此拒马河的两岸一直战争不断。辽宋时期，拒马河则是两国的界河，可想而知在拒马河畔发生了多少战争。据史书记载：有一次辽宋两军在拒马河以北打仗，宋军兵败，逃至拒马河，河水汹涌，宋军淹死者不计其数。

拒马河传说

传说，白沟一店铺曾有题壁曰："拒马河边古战场，土花埋没绿沉枪，至今村盲鼓词里，威震三关说六郎。"

拒马河大战 / 余光宇

现在的拒马河畔没有了战争的硝烟，但依然留下了很多古代的军事遗迹。在房山张坊拒马河北侧，就有一座辽宋时期的古战道，这可是北京地区发现的唯一一处军事性古战道；在房山十渡风景区还有一座大龙门城堡，据说是明代修建的堡垒，作为京都通往塞外的通道，有着"疆域咽喉"之称。

古时的拒马河经历了无数次战争，见证了战争的残酷；如今的拒马河畔再也没有了硝烟，但许多留在她身边的军事遗迹，揭示着历史的沧桑，也承载着那段战火连天的岁月。

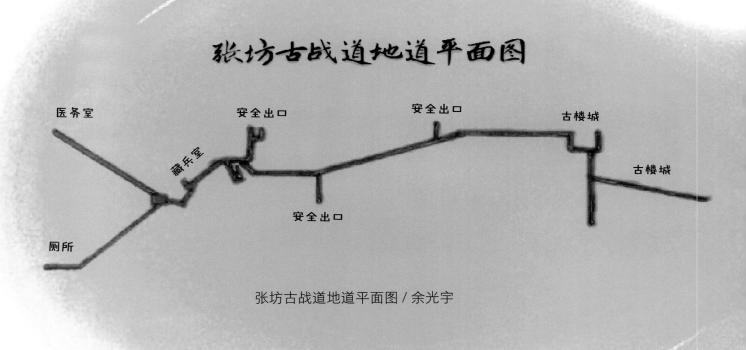

张坊古战道地道平面图 / 余光宇

　　小朋友们知道北京房山的"十渡"吗？十渡这个名字是怎么来的呢？渡，其实指的是渡口、渡河的意思，那么十渡就是说有十个渡口。拒马河沿岸有着许多古老的村落，而每个村落又恰好都坐落在河湾处，人们想要出村，只能到渡口乘船过河，按照顺序就排到了十。还有一种说法是佛教所说的"十方世界，普度众生"，十渡即为功德圆满。划船十渡，就能功德圆满，虽然不可信，但也是一种美好的寄愿。

　　房山十渡有百里画廊之称，可谓是一渡一景，充满了神奇色彩。你知道这些奇景是怎样形成的吗？十渡是因拒马河切割太行山脉北端形成的曲形峡谷，峡谷露出的基岩属于可溶性岩石，进而形成了独特的喀斯特地貌。十渡的奇景就是因为这种地貌，再加上气候、水文、土壤等不同的因素而形成。可以说是大自然的鬼斧神工造就了十渡的美。

大龙门城堡 / 余光宇

文/陈旦妮

爷爷，北京五大水系中，最小的是哪条水系呀？

爷爷，快给我讲讲洵河的故事吧！

是洵河，虽然不是很大，但却是平谷的母亲河呢！而且这条河的漕运历史也很丰富哦！

洵（jù）河

洵河在北京最东部，横穿平谷。河流全长206公里，流域面积2276平方公里，流经河北、天津和北京三省市，其中北京市境内总长66公里。洵河虽然不算大，却是北京五大水系之一。北京多数河流是西北向东南流，有趣的是洵河北京段是由东向西流，与金鸡河汇合后才掉头流向西北。

洵河的人文历史十分悠久，它的历史比平谷地名更为久远。是北京河流中首个通漕运的河流，而且曾是平谷唯一的交通运输线。那么这条河流在漕运方面有什么优势呢？原来平谷地处北京东北，是北京的边防重地，人员物资与外界交流频繁。但平谷群山环绕，陆路交通不便，水量充裕的洵河就成了平谷区域最重要的交通运输线。

 知识小贴士

平谷区，隶属北京市，位于北京市东北部，总面积948.24平方公里。

利用沟河作为水运路线的历史最早可追溯到战国时期。史书记载，齐燕交战之时，齐威王曾带着数百艘战船，从山东北上攻打地处北京的燕国，当时的燕国国君燕文侯接到急报后，亲自率军乘战船顺沟河而下，在下游与齐军相遇，占据地利的燕国将士奋勇抗敌，最终打败了齐军，使齐军残败遁逃。

沟河交战图／宋琪

唐代时，为了抵御北方的游牧民族入侵，平谷北部屯兵万人。因为泃河是当时平谷地区唯一一条航运路线，所以粮食、人员都是由泃河运往边关。泃河一时船只来往，漕运繁忙。到了明代，永乐皇帝朱棣迁都北京，平谷成了拱卫北京的边关重镇。当时一切军需主要靠外地供应。泃河各渡口呈现一片繁荣的景象，造驿船、建栈房，运货人、马、车辆络绎不绝。

知识小贴士

唐朝时万国来朝达到鼎盛，向其朝贡之国多达三百余个。疆域空前辽阔，极盛时东起日本海、南据安南、西抵咸海、北逾贝加尔湖，是中国自秦以来第一个不需要修筑长城抵御胡人的大一统王朝。唐朝攻灭东突厥、薛延陀后，唐太宗被四夷各族尊为天可汗。

泃河漕运图 / 余光宇

清代时，康熙皇帝在平谷东北修建东陵。修建东陵需要大批物资，当时所需粮食、建筑材料大多由南方供应。洵河这一时期又成为清代营建东陵的主要运输路线。抗日战争爆发后，日军先后修建了由平谷至三河、蓟县、通县、北平、天津等地的警备公路，陆路运输开始变得便捷，进出北京的物资逐渐改用汽车运输。另外加上洵河河道年久失修，水运功能逐渐丧失，因而结束了两千多年的水运历史。千百年来，洵河水运繁忙，不仅用于军事供给，也用于民用货物运输，是平谷区当之无愧的母亲河。如今平谷人民凭借一股干劲，将洵河截河成湖，使其化为北京一道胜景，继续流传于世。

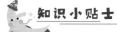

知识小贴士

清东陵：

清东陵位于河北省唐山市遵化市西北30公里处，西距北京市区125公里，占地80平方公里。是中国现存规模最宏大、体系最完整、布局最得体的帝王陵墓建筑群。

　　传说在很久很久以前，洵河边上住着一家人，老两口和两个儿子，靠种田采药生活。

　　一年秋天，老两口正在地里收庄稼，天上突然下起了瓢泼大雨。眨眼间，河水淹没了土地，冲走了房子，老两口和大儿子也叫洪水吞没了，洵河两岸成了一片汪洋，二儿子因为上山采药躲过一劫。可是家没有了，亲人淹死了。想到这里，他坐在山顶哭了起来。

　　不知过了多久，有一位白发老人来到跟前，安慰他不要悲伤，给了他一把银色的钥匙，老人告诉他："洵水里有一道水门，银钥匙能开水门的锁，但是只有用双心金丝木做的桨才能分开洵水到达水门。"老二听说能永久治理洵河水患，他急忙跪下给老人磕头。

　　从那以后，老二下苦功夫练习水性。五年后，他练就一身好水性。然后，他就手持大斧，踏遍高山，走遍

老人将金桨递给老二 / 余光宇

老二手持金桨治洵水 / 余光宇

老林，去寻找双心金丝木。

　　又过了五年时间，他砍倒了九千九百九十九棵树，就是没有见到双心金丝木。一天，他刚朝一棵树砍了几斧，只见眼前金光闪闪，定神一看，刚才砍的这棵树就是双心金丝木。

　　一次，洵河水又发了狂。老二手拿金桨、银钥匙，一头钻进浪里与洪水搏斗。他拨开浪头，踏进龙潭，打开了通向地海的水门，洵河水就涌进龙潭，再也不会泛滥成灾了。可是人们再也没见老二回来。岸边留下一条金色的桨。人们给木桨盖了一所房子，逢年过节，都到这里烧香摆供，表示对老二的怀念。

文/范宇澄

图书在版编目（CIP）数据

河儿弯弯／王鹏，王崇臣，周坤朋主编．—北京：中国城市出版社，2022.2

（北京水文化少儿科普系列丛书）

ISBN 978-7-5074-3442-2

Ⅰ．①河… Ⅱ．①王…②王…③周… Ⅲ．①水利史—北京—少儿读物 Ⅳ．①TV-092

中国版本图书馆CIP数据核字（2021）第275946号

自古燕都城、至金中都，再到元大都和明清的北京城，历代城市无不是依水而建，因水而兴。水影响着北京的发展，铸就了她的繁荣，为她带来了生命与活力。北京地区主要河流有永定河、潮白河、北运河、拒马河和泃河五大水系。本书介绍了北京16条重要河流水系的基本情况及传说逸事，是中小学生了解北京河流历史文化的好帮手。

策划及编写：北京建筑大学新型环境修复材料与技术课题组水文化团队

主　　编：王　鹏　王崇臣　周坤朋
责任编辑：蔡华民
责任校对：王　烨

北京水文化少儿科普系列丛书
河儿弯弯
王　鹏　王崇臣　周坤朋　主编

＊

中国城市出版社出版、发行（北京海淀三里河路9号）
各地新华书店、建筑书店经销
北京锋尚制版有限公司制版
北京富诚彩色印刷有限公司印刷

＊

开本：880毫米×1230毫米　1/16　印张：4¼　字数：89千字
2022年2月第一版　　2022年2月第一次印刷
定价：**40.00**元
ISBN 978-7-5074-3442-2
（904433）